婴幼儿手编毛线鞋

[日] E&G 创意 编著

史海媛 韩慧英 译

Happy
baby shoes

化学工业出版社

·北京·

目录

＊本书中鞋子的鞋底均无防滑处理，仅供学步前婴儿穿用。

重点教程

2　图片…p.9　制作方法…p.10

※ 为了方便理解，替换线的颜色进行说明。

婴儿鞋的织法顺序

织鞋底

鞋跟侧　鞋头侧

1　参照图，织3行鞋底，断线。

织鞋帮和鞋袢

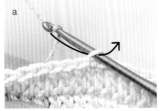

a

b

2　入针于编织始端的鞋底最终行外侧的1根横线，如箭头所示引出线（a）。线已被引出（b）。

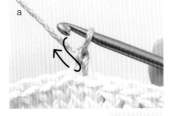

a

b

3　织1针锁针，如箭头所示入针，织短针的筋编（a）。短针的筋编已织完1针（b）。

4　短针的筋编已织完5针。上一行针圈的内侧横线保留。

5　侧面的第1行已织完。第2行开始参照图，两端减针织9行。

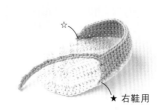

☆

★ 右鞋用

6　接第9行，织鞋袢。左鞋用的鞋袢固定于相反侧。

织鞋面和鞋袢穿口

7　鞋面从线环的起针开始织成半圆形，断线。

4针

8　入针于第1行保留的4针的第2针，织鞋袢穿口的锁13钅的起钅。

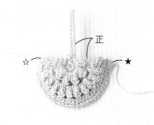

正

☆　★

9　起针织完后，锁1针立起，挑起锁针的里山，织1行短针，引拔至步骤8挑起的相邻针圈，断线。

反

a

b

10　鞋袢折入鞋面的反面（a），订缝于鞋面，鞋袢穿口完成（b）。

缭缝

鞋面　★

侧面

鞋底★

11　重合侧面挑起的左端针圈的半针（★）和鞋面的2根横向（★），卷针缭缝。

12　挑起鞋底的半针和鞋面的1针，仔细卷针缭缝。

13　底侧的半针整齐呈条纹状。

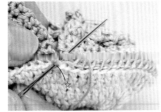

☆

14　相反侧（☆）的最后针圈同样按照步骤11，重合侧面挑起的左端针圈的半针，和鞋面的2根横向，卷针缭缝。

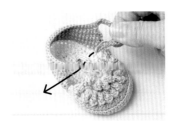

15　鞋袢穿入鞋袢穿口。

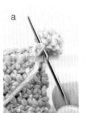

a

b

16　纽扣订缝于侧面的指定位置（a），鞋袢的花纹孔作为扣眼使用。

10,11,12 图片…p.20,21 制作方法…p.22

长针的下引上针 ⌡

※ 为了方便理解，替换线的颜色进行说明。※ 引上针的记号是通过记号表示正面的状态。如果是平针，看着正面时（←）为长针的下引上针（⌡），看着反面是（→）为了能够在正面引上，按（反面为长针的上引上针 ⌐）织即可。熟练掌握下引上针和上引上针的挑起方法。

织成线环（看着正面织）时

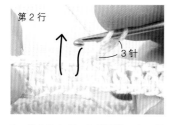

第2行
3针

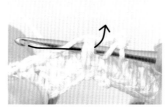

引出的针圈

a

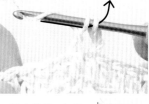

b

1 锁3针立起，挂线于针，上一行的长针如箭头所示挑起束紧。

2 挂线，如箭头所示引出。

3 挂线于针，如箭头所示引出。

4 再次挂线，如箭头所示引拔（a）。长针的下引上针已织完1针（b）。

长针的上引上针 ⌐

5 再次织1针（共2针）长针的下引上针，如箭头所示挑起上一行的长针，织长针的上引上针。

6 长针的上引上针已织完2针。

7 重复织下引上针2针、上引上针2针。

8 已织至侧面的第10行。

平针时

鞋面的第2行
b
a
反

反

反

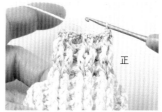

正

9 继续织鞋面的第1行，织片翻到反面，织立起的3针锁针，如箭头所示挑起上一行的长针，织长针（a）。长针的上引上针已织完2针（b）。

10 接着，织2针长针的下引上针。

11 重复织上引上针2针、下引上针2针。

12 已织至鞋面的第4行。第5行开始参照图，继续织。

16,17,18 图片…p.28,29 制作方法…p.30

扭转短针 ⫶

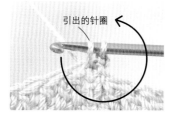

引出的针圈

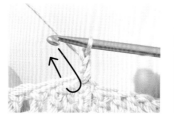

1 织立起的1针锁针，"入针于上一行的针圈，挂线于针，稍微引出线圈，如箭头所示朝向内侧转动针头扭转。"

2 挂线于针，如箭头所示一并引拔。※ 通过步骤1的转动，●部分被扭转。

3 扭转短针已织完1针。同样，重复步骤1的""部分和步骤2，织指定的针数。

4 扭转短针已织完6针。

织入中长针 3 针的泡泡针

※ 为了方便理解，替换线的颜色进行说明。

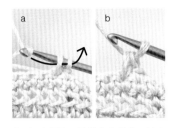 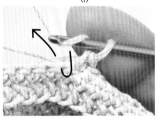  

1　织中长针 3 针的泡泡针的 1 针内侧短针时，织未完成的短针，配色线（黄色）挂于针头引拔（a）。织线已替换成配色线，短针织完 1 针（b）。

2　配色线挂于针，入针于上一行的针圈，包织不使用的线（过线），配色线挂于针头引出。

3　线已引出。在同一针圈，共重复 3 次步骤 2 的操作（未完成的中长针）。

4　未完成的中长针织完 3 次后，织下个针圈的线（底线）挂于针头一并引拔。

  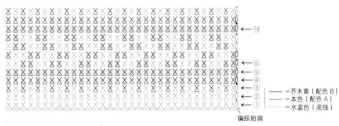

5　中长针 3 针的泡泡针已用配色线织完，直线替换为织下个针圈的线。

6　织下一个中长针 3 针的泡泡针的 1 针内侧短针之前，包织过线（配色线），用底线织短针，按相同要领重复步骤 1～6。

＝芥末黄（配色 B）
＝本色（配色 A）
＝水蓝色（底线）
编织始端

〈 织入花纹的要点 〉
织入花纹的整齐织制诀窍是线的松紧控制。
包织针圈的线过紧或过松，都无法获得均匀的针圈。

织入短针的筋编

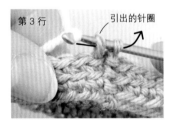   

1　锁 1 针立起，入针于上一行针圈的外侧半针，引出线，挂上配色线 A 如箭头所示引拔。

2　第 1 针的短针的筋编已织完，织线替换成配色线 A。

3　第 2 针入针于上一行针圈的外侧半针，引出线。

4　替换成底线，挂针于底线，如箭头所示引拔。

5　第 3 针如箭头所示，将配色线 A 对齐织片夹住，挂线引出。

6　替换线，引拔配色线 A。

7　第 3 针已织完。

8　重复步骤 3～7，继续织。第 2 行逐针替换配色线。

第3行的编织末端

9　编织末端入针于最初针圈的2根横线。

10　替换成配色线A，底线对齐织片，挂线于针，如箭头所示引拔配色线A。

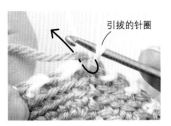

引拔的针圈

11　第3行已织完。织1针第4行的立起锁针。如箭头所示，入针于第1针的外侧半针。引出配色线A。

第4行　　引出的针圈

12　替换成配色线B，挂针如箭头所示引拔。

配色B
配色A

13　配色线A对齐织片夹住，引出配色线B。

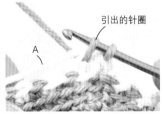

引出的针圈

A

14　替换成配色线A，配色线A挂于针引拔。

15　已织完1针。按第2行相同要领，参照图织。

16　交替布置配色线A·B。

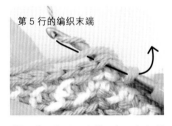

第5行的编织末端

17　第5行用配色线B织1行短针的筋编，最后入针于第1针，挂底线引拔。

引拔的针圈

18　第5行已织完，线替换为底线。

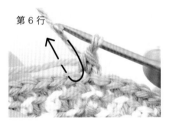

第6行

19　每2针替换配色线。用底线织筋编1针，如箭头所示入针引出底线。

20　替换成配色线B，引拔。

21　用配色线B织1针，已织完3针。

22　已织完6针。

23　织入花纹完成。

泡泡针凉鞋

1

花纹浮出的可爱泡泡针。
蝴蝶结，飘带，随意搭配。

制作方法 -- p.10
设计和制作 -- 河合真弓

1.2.3 泡泡针凉鞋

图片 -- p.8　重点教程 -- p.4

● 需要准备物品
1：Olympus COTTON NOVIA VARIE/
本色（2）…25g
2：Olympus COTTON NOVIA VARIE/
暗紫（12）…25g
3：Olympus COTTON NOVIA VARIE/
浅紫（6）…25g

● 针
钩针 4/0 号
● 成品尺寸
1·2·3：鞋底 9.5cm·深 3cm

● 织法
（非指定部分为 1·2·3 共通的织法）
1 织鞋底：鞋底锁 14 针起针，如图所示花纹针织至第 3 行。
2 织侧面：侧面从鞋底挑针，参照图示，第 1 行为短针的筋编，第 2～9 行为短针，织 9 行。
3 织鞋带（仅 1）：接侧面的编织末端，参照图示织，另一只也接线同样织鞋带。
3 织鞋袢（仅 2·3）：右鞋接侧面的编织末端，参照图示织 1 行。左鞋接线，按右鞋同样方法织。
4 织鞋面：线环起针，参照图示，织 8 行花纹针。
5 织穿绳（仅 2）：鞋面第 1 行接线，参照图示织 1 行。织完后对折成环状，在鞋面的反面订缝。
6 对合鞋底和鞋面：鞋底和鞋面参照图示，正面向内对合，半针一组挑针，卷针缭缝。
7 织纽扣（仅 2·3）：纽扣线环起针，织 2 行短针，线头塞入内侧，最终行穿线收紧。将其缝接到侧面。

1　鞋底 & 侧面 2片
※参照图示

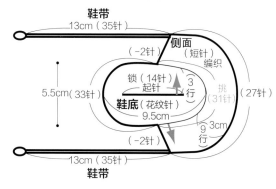

2·3　鞋底 & 侧面 ※左右各织1片
※参照图示（p.54）

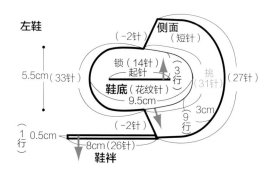

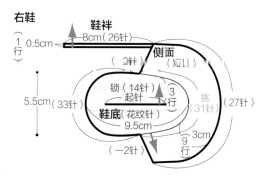

1·3　鞋面 2片
※参照图示（p.54）

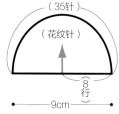

2　花纹针 2片
※花纹针（p.54）

2·3　纽扣
各2个

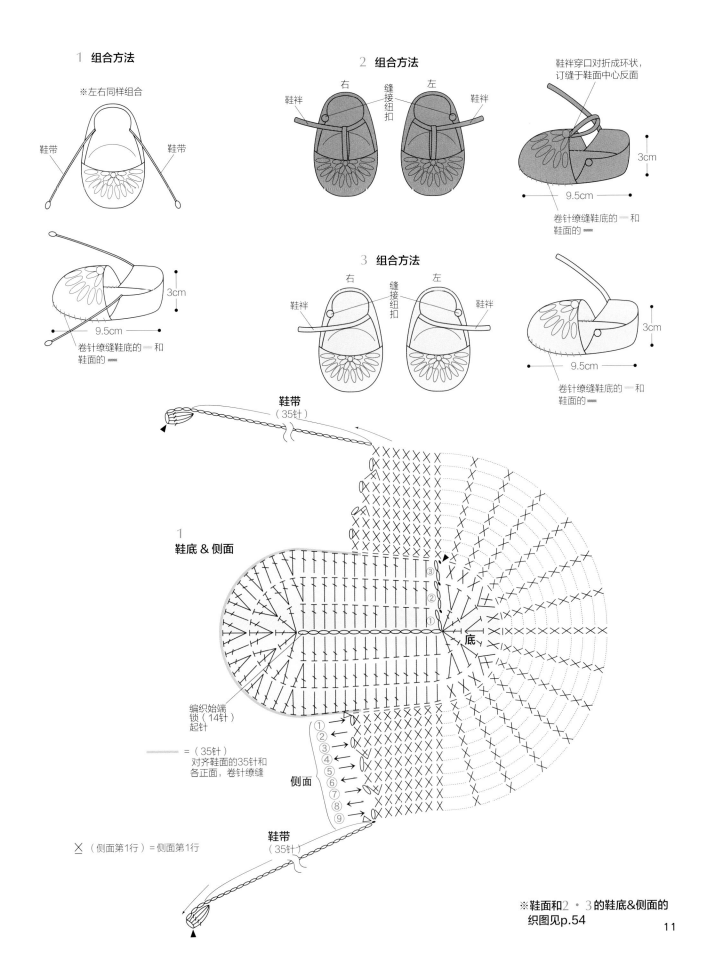

1 组合方法

※左右同样组合

鞋带　　　　鞋带

3cm

9.5cm

卷针缭缝鞋底的 — 和
鞋面的 —

2 组合方法

右　　　　　缝接纽扣　　　　左

鞋袢　　　　　　　　　　　　　鞋袢

鞋袢穿口对折成环状，
订缝于鞋面中心反面

3cm

9.5cm

卷针缭缝鞋底的 — 和
鞋面的 —

3 组合方法

右　　　　　缝接纽扣　　　　左

鞋袢　　　　　　　　　　　　　鞋袢

3cm

9.5cm

卷针缭缝鞋底的 — 和
鞋面的 —

鞋带
（35针）

1
鞋底 & 侧面

③
②
①

底

编织始端
锁（14针）
起针

＝（35针）
对齐鞋面的35针和
各正面，卷针缭缝

①
②
③
④
⑤
⑥
⑦
⑧
⑨

侧面

╳（侧面第1行）＝侧面第1行

鞋带
（35针）

※鞋面和2・3的鞋底&侧面的
织图见p.54

11

最适合休闲装扮的迷你运动鞋。
也能搭配出完美的亲子装饰。

制作方法 -- p.14
设计和制作 -- 今村曜子

运
动
鞋

4

4.5.6 **运动鞋**

图片 -- p.12

● 需要准备物品

4：HAMANAKA COTTON NOTTOC/
红（14）·白（16）…各15g，黑（10）…1g

5：HAMANAKA COTTON NOTTOC/
松石绿（5）·白（16）…各15g，黑
（10）…1g

6：HAMANAKA COTTON NOTTOC/
象牙白（1）·白（16）…各15g，黑（10）·
红（14）…1g

● 针

钩针 4/0 号

● 成品尺寸

4·5·6：鞋底 10cm·深 7cm

● 织法

（4·5·6 共通的织法）

1 织鞋底：鞋底锁 15 针起针，短针、中长针、长针如图所示织 5 行。

2 织侧面 1：侧面 1 接鞋底，织 5 行短针（第 1 行为筋编）。

3 织鞋面：鞋面 1 从侧面 1 挑 20 针，参照图示织 5 行。鞋面 2 从鞋面 1 挑 18 针，参照图示织 9 行。

4 织侧面 2：侧面 2 从侧面 1 的鞋跟侧挑 42 针，两端减针织 7 行长针。

5 侧面 1 引拔针：指定位置引拔针。

6 织鞋带：鞋带织 150 针锁针。参照鞋带穿入方法穿入。

4·5·6
鞋底 & 侧面 & 鞋面 各2片

编织顺序 ※参照图示

① 鞋底锁15针起针织5行，接着织5行侧面。

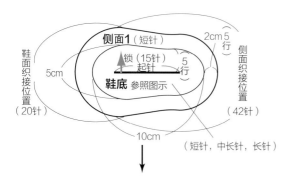

② 鞋面1从侧面1挑针织5行。鞋面2从鞋面1挑针织9行。

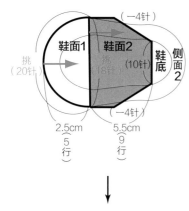

③ 侧面2从侧面2挑针织7行。

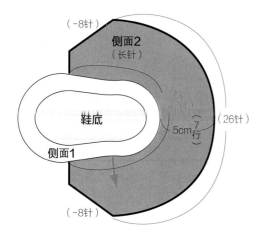

4·5·6
组合方法

鞋带穿入鞋底穿口

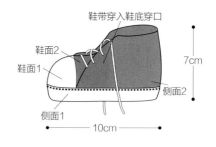

4·5·6
鞋带 各2根

⟨⟨⟨⟨⟨⟨⟨⟨⟩⟩⟩⟩⟩⟩⟩⟩

54cm（150针）

鞋带的穿入方法

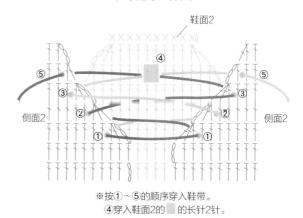

※按①~⑤的顺序穿入鞋带。
④穿入鞋面2的 ▨ 的长针2针。

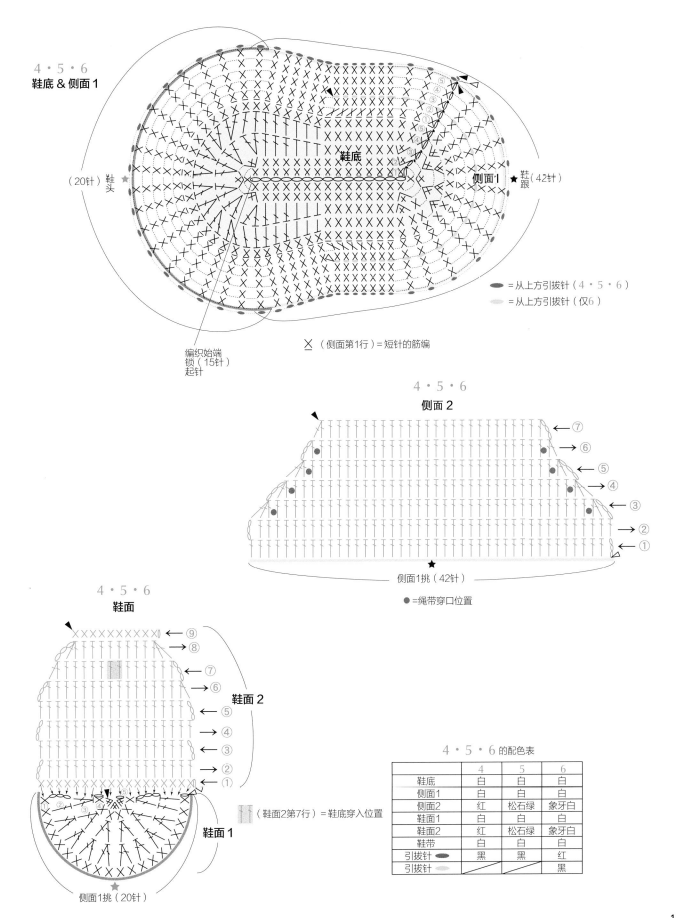

4·5·6
鞋底 & 侧面1

（20针）鞋头 ★

鞋底

侧面1 ★ 鞋跟（42针）

编织始端
锁（15针）
起针

⬤ = 从上方引拔针（4·5·6）
⬤ = 从上方引拔针（仅6）

X（侧面第1行）= 短针的筋编

4·5·6
侧面2

← ⑦
→ ⑥
← ⑤
④
← ③
→ ②
← ①

侧面1挑（42针）★

● = 绳带穿口位置

4·5·6
鞋面

← ⑨
→ ⑧
← ⑦
→ ⑥
鞋面2
← ⑤
→ ④
← ③
→ ②
← ①

鞋面1

侧面1挑（20针）★

（鞋面2第7行）= 鞋底穿入位置

4·5·6 的配色表

	4	5	6
鞋底	白	白	白
侧面1	白	白	白
侧面2	红	松石绿	象牙白
鞋面1	白	白	白
鞋面2	红	松石绿	象牙白
鞋带	白	白	白
引拔针	黑	黑	红
引拔针	/	/	黑

清爽色调搭配松紧带的单线。
绣上名字，增添手工的感觉。

制作方法 -- p.18
设计和制作 -- 河合真弓

单鞋

7

7.8.9 单鞋

图片 -- p.16

● 需要准备物品

7：HAMANAKA WASH COTTON GARADATION/ 白（101）…12g，水蓝（109）…3g，灰（118）…1g 松紧带 11mm×16cm

8：HAMANAKA WASH COTTON GARADATION/ 白（101）…12g，水蓝（109）…3g，灰（118）…1g 松紧带 11mm×16cm

9：HAMANAKA WASH COTTON GARADATION/ 白（101）…12g，浅黄（129）…3g，灰（118）…1g 松紧带 11mm×16cm

● 针

钩针 3/0 号

● 成品尺寸

7·8·9：鞋底 10cm·深 2.5cm

● 织法

（7·8·9 共通的织法）

1 织鞋底：鞋底锁 15 针起针，长针、中长针、短针如图所示织 4 行。

2 织侧面：侧面从鞋底的鞋头侧挑 27 针，织 3 行短针。接着，鞋底整体挑 71 针，参照图示织 9 行短针。

3 绣花：侧面的鞋头侧绣花。

4 缝接松紧带：指定位置（侧面的反面）缝接松紧带。

7·8·9

鞋底 & 侧面 各2片

※参照图示

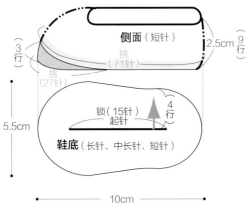

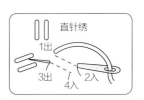

7 **组合方法**

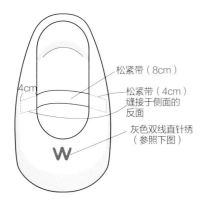

松紧带（8cm）

松紧带（4cm）缝接于侧面的反面

灰色双线直针绣（参照下图）

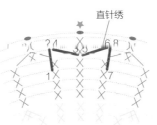

直针绣

8 **组合方法**

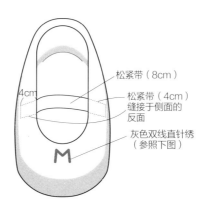

松紧带（8cm）

松紧带（4cm）缝接于侧面的反面

灰色双线直针绣（参照下图）

直针绣

9 **组合方法**

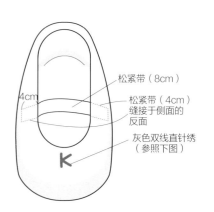

松紧带（8cm）

松紧带（4cm）缝接于侧面的反面

灰色双线直针绣（参照下图）

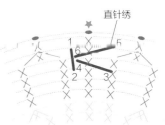

直针绣

※数字为走针顺序

18

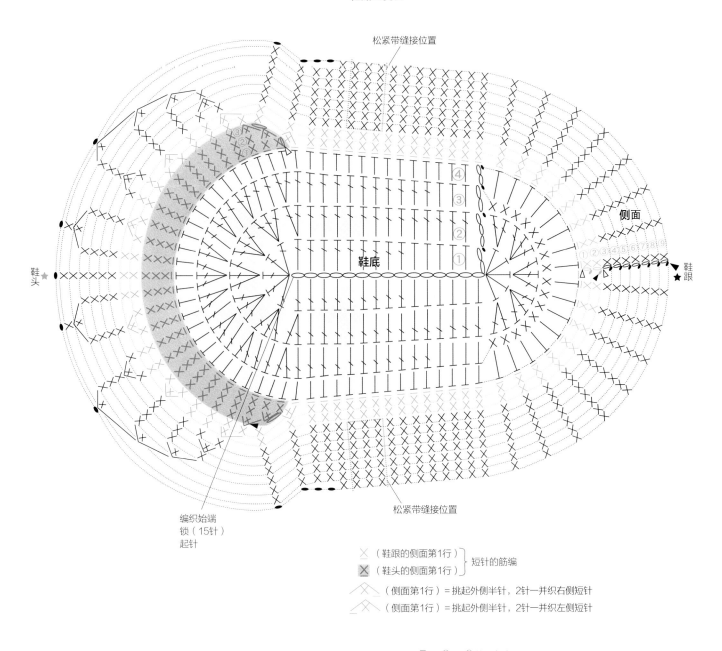

7・8・9

鞋底&侧面

松紧带缝接位置

④
③
②
①

鞋底

侧面

①②③④⑤⑥⑦⑧⑨

鞋头
★

鞋跟
★

松紧带缝接位置

编织始端
锁（15针）
起针

✕（鞋跟的侧面第1行）
✕（鞋头的侧面第1行）
}短针的筋编

（侧面第1行）=挑起外侧半针，2针一并织右侧短针
（侧面第1行）=挑起外侧半针，2针一并织左侧短针

侧面的编织顺序

① 织鞋底，鞋头接配色线，织3行平针（ ▦ ）。
② 鞋跟侧接新线，整周织2行（ — ）。
③ 步骤2的编织末端接白线，整周织7行（ — ）。

7・8・9 的配色表

		7	8	9
鞋底	—	白	白	白
侧面	▦	水蓝	粉色	浅黄
侧面	—	水蓝	粉色	浅黄
侧面	—	白	白	白

玛丽珍鞋

10

袜子般的柔软贴合质感，再加上优雅的设计。
可以直接这样穿，也可以卷边穿。

制作方法 -- p.22
设计和制作 -- 镰田惠美子

11

12

10.11.12 玛丽珍鞋

图片 -- p.20　重点教程 -- p.5

● 需要准备物品

10 : Olympus COTTON CUORE/ 象牙白（1）…16g，水蓝（6）…13g

11 : Olympus COTTON CUORE/ 象牙白（1）…15g，粉（14）…15g

12 : Olympus COTTON CUORE/ 象牙白（1）…16g，灰（17）…14g

直径 1.1cm 纽扣 2 个

● 针

钩针 3/0 号

● 成品尺寸

10·11·12 : 鞋底 10cm·深 5cm

● 织法

（非指定部分为 10·11·12 共通的织法）

1 织侧面 & 鞋面：侧面锁 40 针起针成线环，无加减针织 10 行花纹针。接着，鞋面部分 12 针织 6 行花纹针及 4 行短针。鞋底部分从侧面和鞋面挑 66 针，减针织 13 行短针。卷针缭缝鞋底的 ★ 和 ★。从编织始端（穿口）的锁针开始挑针，织 1 行边缘针。

2 织鞋带（仅 10）：织 35 针锁针。

3 织鞋袢（仅 11·12）：鞋袢锁 15 针起针，11 织 2 行短针，12 织 3 行短针。

4 织鞋袢装饰（仅 11）：鞋袢装饰锁 9 针起针，参照图示织 4 行。

5 组合：参照各组合方法组合。

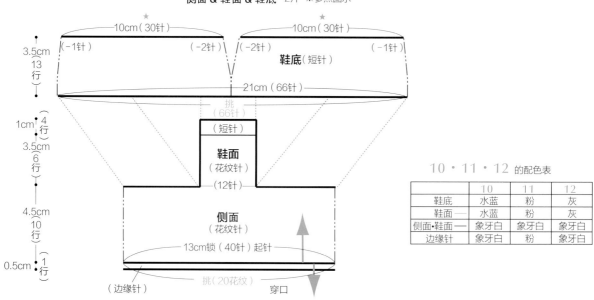

10·11·12
侧面 & 鞋面 & 鞋底 2片 ※参照图示

10·11·12 的配色表

	10	11	12
鞋底	水蓝	粉	灰
鞋面 ——	水蓝	粉	灰
侧面·鞋面 ——	象牙白	象牙白	象牙白
边缘针	象牙白	粉	象牙白

10　**组合方法**

11　**组合方法**

12　**组合方法**

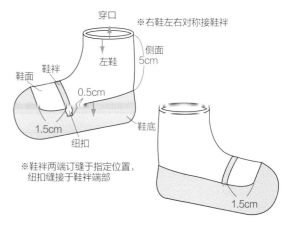

※鞋带交叉穿入，
绳带端部订缝于反面

※鞋袢装饰订缝于鞋袢中心，
鞋袢两端订缝于指定位置

※鞋袢两端订缝于指定位置，
纽扣缝接于鞋袢端部

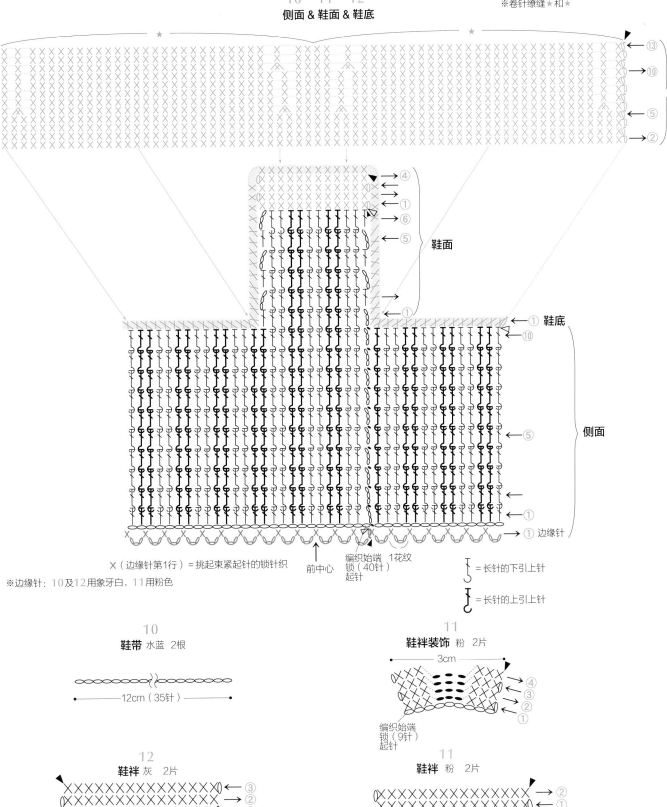

10 · 11 · 12
侧面 & 鞋面 & 鞋底

※卷针缭缝★和★

鞋底

鞋面

鞋底

侧面

X（边缘针第1行）=挑起束紧起针的锁针织

前中心

编织始端
锁（40针）
起针

┋ = 长针的下引上针

┋ = 长针的上引上针

※边缘针：10及12用象牙白，11用粉色

10
鞋带 水蓝 2根

●————12cm（35针）————●

11
鞋袢装饰 粉 2片

●——3cm——●

编织始端
锁（9针）
起针

12
鞋袢 灰 2片

编织始端
锁（15针）
起针

●————5.5cm————●

11
鞋袢 粉 2片

编织始端
锁（15针）
起针

●————5.5cm————●

水果凉鞋

13

清甜可口的葡萄、菠萝、草莓等萌感凉鞋。
叶子装饰鞋带的尾部。

制作方法 -- p.26
设计和制作 -- 藤田智子

14

15

13.14.15 水果凉鞋

图片 -- p.24 重点教程 -- p.6

● 需要准备物品

13：Olympus COTTON NOVIA
VARIE/ 浅紫（6）…23g，浅绿（7）…6g
14：Olympus COTTON NOVIA
VARIE/ 黄（4）…26g，浅绿（7）…6g
15：Olympus COTTON NOVIA
VARIE/ 粉色（5）…24g，黄（4）…5g，
浅绿（7）…6g

● 针

钩针 4/0 号

● 成品尺寸

13：鞋底 10.5cm·深 2.5cm
14：鞋底 10.5cm·深 3cm
15：鞋底 10.5cm·深 3.5cm

● 织法

（非指定部分为 13·14·15 共通的织法）

1 织鞋底：鞋底锁 18 针起针，如图所示织 3 行。
2 织侧面：侧面从鞋底挑针，参照图示接鞋带部分继续织。
13 织 7 行花纹针，14 织 8 行，15 织 10 行。
3 织叶子：叶子锁 7 针起针，如图所示整周织 1 行。重合
2 片叶子，夹住鞋带前端，卷针缭缝。四周 2 片向外重合，
逐针抄起内侧各半针，卷针缭缝。

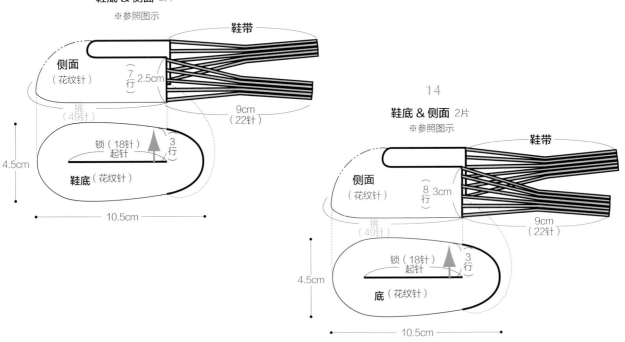

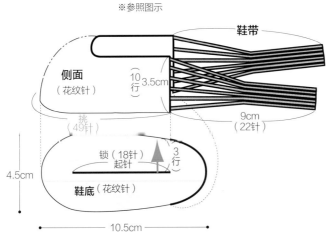

13 组合方法

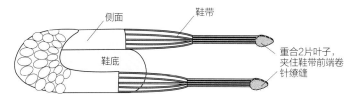

侧面　鞋带
鞋底
重合2片叶子，
夹住鞋带前端卷
针缭缝

14 组合方法

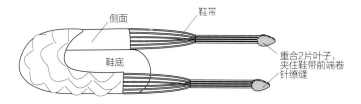

侧面　鞋带
鞋底
重合2片叶子，
夹住鞋带前端卷
针缭缝

15 组合方法

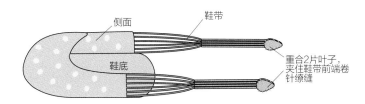

侧面　鞋带
鞋底
重合2片叶子，
夹住鞋带前端卷
针缭缝

13・14・15 叶

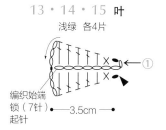

浅绿　各4片

编织始端
锁（7针）
起针
←3.5cm→

13

鞋底 & 侧面

※均用浅紫色织

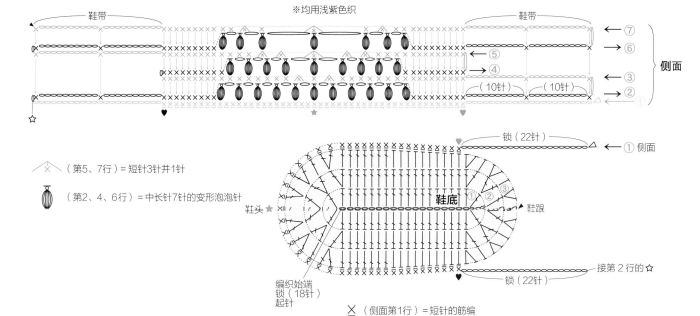

鞋带　　　　　　　　　　鞋带
←⑦
→⑥
←⑤
→④
→③
（10针）（10针）
→②
侧面

锁（22针）
←① 侧面

（第5、7行）=短针3针并1针

（第2、4、6行）=中长针7针的变形泡泡针

鞋头　　　鞋底①②③　鞋跟

编织始端
锁（18针）
起针

接第2行的☆
锁（22针）

╳（侧面第1行）=短针的筋编

※14、15的鞋底&侧面的织图见p.55

27

汽车鞋

每时每刻都具有急速行驶感的汽车鞋。
各种颜色及汽车种类，仿佛小小变形金刚。

制作方法 -- p.30
设计和制作 -- **藤田智子**

16

16.17.18 汽车鞋

图片 -- p.28　重点教程 -- p.6

● 需要准备物品

16：HAMANAKA APRICO/ 芥末黄
（17）…16g, 黑（24）…4g, 本色（1）…
3g, 水蓝（12）…2g, 灰色（23）…1g
17：HAMANAKA APRICO/ 水蓝（12）…
16g, 黑（24）…4g, 本色（1）…3g, 芥
末黄（16）…2g, 灰色（23）…1g
18：HAMANAKA APRICO/ 红（6）…
16g, 黑（24）…4g, 本色（1）…3g, 浅黄
（16）…2g, 灰色（23）…1g

● 针

钩针 4/0 号

● 成品尺寸

16·17·18：鞋底 10cm·深 3.5cm

● 织法

（16·17·18 共通的织法）

1 织鞋底：鞋底锁 18 针起针，长针和中长针如图所示织
3 行。
2 织侧面：侧面从鞋底挑针，参照图示长针和短针织 5
行，第 6 行织扭转短针。
3 织车窗玻璃：车窗玻璃锁 5 针起针，如图所示配色织
3 行。
4 织车灯：线环起针，参照图示配色织 3 行。
5 织轮胎：线环起针，参照图示织 3 行。
6 组合：参照组合图，在侧面均匀订缝车窗玻璃、车灯、
轮胎。

16 · 17 · 18
鞋底 & 侧面 各2片

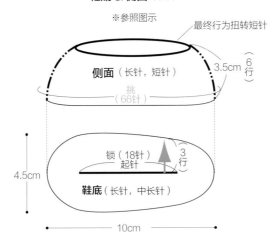

※参照图示

最终行为扭转短针

侧面（长针，短针）　3.5cm（6行）

挑（66针）

锁（18针）起针　3行

鞋底（长针，中长针）

4.5cm

10cm

16 · 17 · 18
组合方法

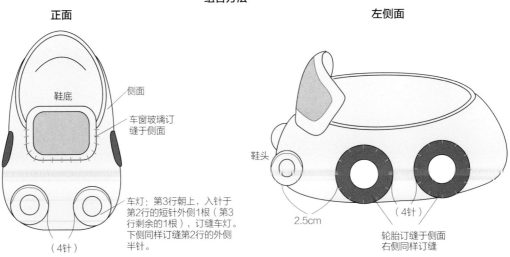

正面

鞋底

侧面

车窗玻璃订缝于侧面

车灯：第3行朝上，入针于第2行的短针外侧1根（第3行剩余的1根），订缝车灯。下侧同样订缝第2行的外侧半针。

（4针）

左侧面

鞋头

2.5cm

（4针）

轮胎订缝于侧面右侧同样订缝

16・17・18

鞋底 & 侧面

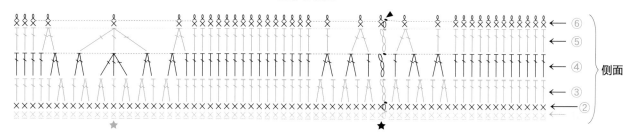

侧面

← ⑥
← ⑤
← ④
← ③
← ②

⚹

★

$\beg8$ （侧面第6行）=扭转短针
（参照第6页）

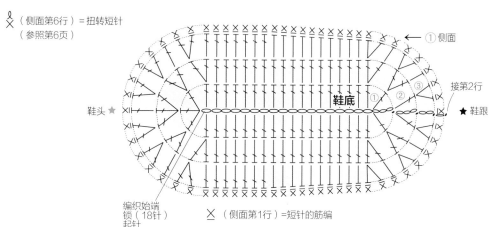

① 侧面

鞋底

鞋头 ⚹

编织始端
锁（18针）
起针

✕ （侧面第1行）=短针的筋编

★ 鞋跟

接第2行

16・17・18 的配色表

	16	17	18
鞋底・侧面	芥末黄	水蓝	红
车窗玻璃 ——	灰色	灰色	灰色
车窗玻璃 ——	芥末黄	水蓝	红
车灯 ——	水蓝	芥末黄	芥末黄
车灯 ——	芥末黄	水蓝	红
轮胎 ——	本色	本色	本色
轮胎 ——	黑	黑	黑

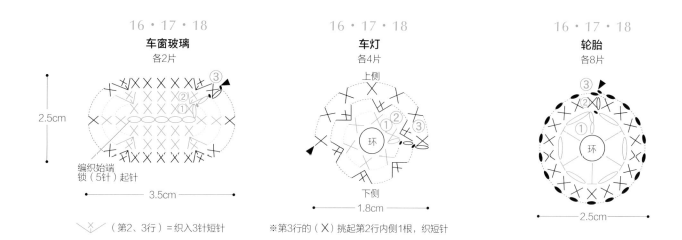

16・17・18
车窗玻璃
各2片

2.5cm

编织始端
锁（5针）起针

3.5cm

✕ （第2、3行）=织入3针短针

16・17・18
车灯
各4片

上侧

环

下侧

1.8cm

※第3行的（✕）挑起第2行内侧1根，织短针

16・17・18
轮胎
各8片

环

2.5cm

19

小
花
鞋

色彩艳丽的小花组合成的花海设计。
可以用手头的各种零线制作。

制作方法 -- p.34
设计 -- 藤 HIROMI

20

21

19.20.21 小花鞋

图片 -- p.32

● 需要准备物品

19：HAMANAKA EXCEED WOOL< 粗 >/ 本色（201）…17g, ALPACA MOHAIR FINE<GRADATION>/ 本 色 混 纺（101）…5g，粉色混纺（102）…2g，ALPACA MOHAIR FINE/ 灰色（4）…2g

20：HAMANAKA EXCEED WOOL< 粗 >/ 粉（239）…17g, 纯羊毛中细 / 象牙白（2）·红（10）·浅紫（13）·水蓝（34）·橙（38）…各4g

21：HAMANAKA EXCEED WOOL< 粗 >/ 绿（219）…17g, 纯羊毛中细 / 象牙白（2）…5g，砖红（8）·黄（33）·芥末黄（43）…各4g，黄绿（22）…3g

● 针
钩针 6/0 号，4/0 号

● 成品尺寸
19·20·21：鞋底 9.5cm·深 2.5cm

● 织法

（非指定部分为 19·20·21 共通的织法）

1 织鞋底：鞋底锁 15 针起针，如图所示织 4 行。

2 织侧面：侧面从鞋底挑针，参照图示织 8 行。

3 织鞋带（仅 19）：织 90 针螺纹线。

3 织鞋袢（仅 20·21）：鞋袢锁 16 针起针，整周织 1 行短针。

4 织小花：小花线环起针，参照图示织 1 行。反面为正面，中心法式结粒绣。

5 组合：参照组合方法图，分别组合。

19・20・21
鞋底 & 侧面 2枚
※参照图示　6/0号针

侧面（花纹针）
挑（58针）
2.5cm（8 行）

锁（15针）起针
4 行
鞋底（花纹针）

4.5cm

9.5cm

---

19 组合方法

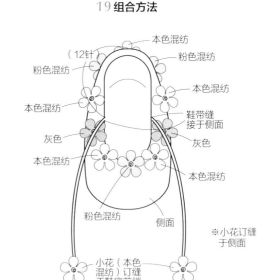

本色混纺
（12针）
粉色混纺
粉色混纺
本色混纺
本色混纺
鞋带缝接于侧面
灰色
灰色
本色混纺
本色混纺
粉色混纺
侧面
※小花订缝于侧面
小花（本色混纺）订缝于鞋底前端

20・21
鞋袢的接合方法

（10针）
鞋袢
订缝于侧面的反面
侧面

---

20 组合方法

水蓝
浅紫
象牙白
橙
浅紫
红
红
橙
象牙白
侧面
水蓝

※小花订缝于侧面

---

21 组合方法

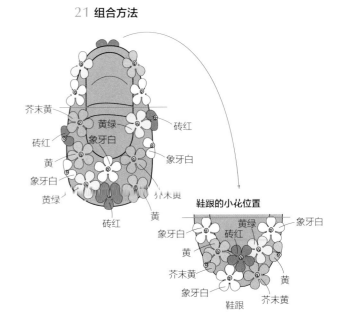

芥末黄
黄绿
象牙白
砖红
砖红
象牙白
砖红
黄
象牙白
黄绿
芥末黄
黄
砖红

鞋跟的小花位置
黄绿
象牙白
象牙白
砖红
黄
芥末黄
象牙白
芥末黄
鞋跟

鞋底 & 侧面

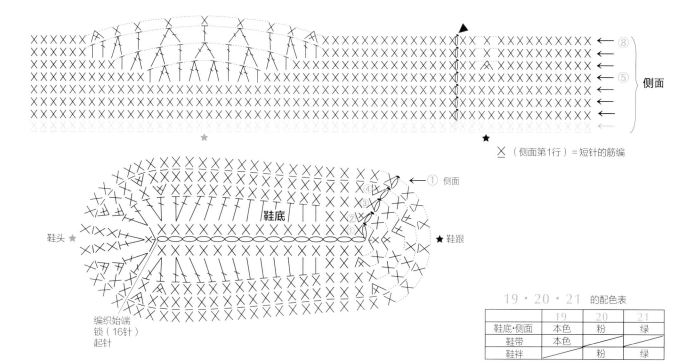

側面

X（侧面第1行）=短针的筋编

鞋头 ★

鞋底

① 侧面
④
③
②

★ 鞋跟

编织始端
锁（16针）
起针

19·20·21 的配色表	19	20	21
鞋底·侧面	本色	粉	绿
鞋带	本色		
鞋袢		粉	绿

20·21

鞋袢 各2根　6/0号针

1cm

8cm

编织始端
锁（16针）
起针

19

鞋带 4根
（螺纹线）6/0号针

35cm（90针）

※螺纹线的织法
参照p.63

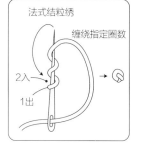

法式结粒绣

缠绕指定圈数

2入
1出

19·20·21

花 ※颜色、片数参照表

4/0号针

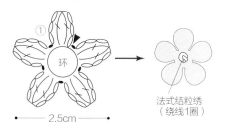

①

环

2.5cm

法式结粒绣
（绕线1圈）

※反面作为正面用

19·20·21 的小花配色表		19	20	21
颜色和片数		本色混纺…7片	象牙白…2片	象牙白…6片
		粉色混纺…3片	红…2片	黄…4片
		灰色…2片	浅紫…2片	芥末黄…4枚
			水蓝…2片	砖红…4枚
			橙…2片	黄绿…3枚
法式结粒绣		本色	粉色	绿色

※片数为单只鞋，一双鞋的片数为其2倍

动物鞋（一）

22

表情可爱的老鼠、狐狸、刺猬设计成的婴儿鞋，
都带着尾巴。

制作方法 -- p.38
设计 -- 松本 KAORO

23

24

22.23.24 动物鞋（一）

图片 -- p.36　重点教程 -- p.52

● 需要准备物品

22：HAMANAKA EXCEED WOOL< 粗 >/ 水蓝（244）…21g，深蓝（226）… 3g，黑（230）…1g 夹心棉少量

23：HAMANAKA EXCEED WOOL< 粗 >/ 橙色（240）…20g，茶色（205）… 5g，本色（201）…2g，黑（230）…1g 夹心棉少量

24：HAMANAKA EXCEED WOOL< 粗 >/ 本色（201）·浅紫（203）…各15g， 黑（230）…1g 夹心棉少量

● 针
钩针 4/0 号

● 成品尺寸
28·29·30：鞋底 11cm·深 4cm

● 织法
（非指定部分为 22·23·24 共通的织法）

1 织鞋头：22·23 的鞋头线环起针，22 用黑色织至第 3 行，第 4 行开始用水蓝 色织。23 用黑色织至第 3 行，第 4 行开 始配色，织 15 行短针。24 的鞋头线环起 针，如图所示短针和短针的筋编织 15 行。

2 织侧面：22·23 接侧面，织至第 19 行。卷针缭缝鞋 跟的♡ 和♡、★和★、★和★。24 接侧面，参照图示短针 和短针筋编织至 19 行。卷针缭缝鞋跟的♡ 和♡、★和★、 ★和★。鞋头和侧面筋编的针圈剩余的内侧 1 根用浅茶色 织接。

3 织耳朵：22 线环起针，如图所示织 4 行短针。23 锁 4 针起针，如图所示织 3 行，整周织 1 行。24 锁 3 针起针， 如图所示织 2 行，整周织 1 行。

4 织尾巴：22 锁 15 针起针，织 1 行引拔针。23 锁 8 针 起针成线环，如图所示织 7 行，最终行穿线收紧。24 锁 5 针起针，如图所示织 1 行。

5 组合：参照各组合方法，接合组件，用 1 行短针挑针 接口。

22·23·24

鞋头 & 侧面（各2片 ※参照图示）

22·23·24

穿口的处理（短针）

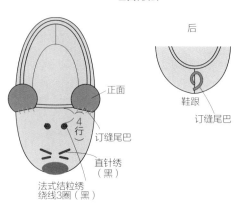

22 = 水蓝色
23 = 橙色
24 = 浅茶色

鞋跟卷针缭缝♡和♡、★和★、★和★
（参照p.52）

22　组合方法

正面
后
鞋跟
订缝尾巴
订缝尾巴
直针绣（黑）
法式结粒绣
绕线3圈（黑）
4行

23　组合方法

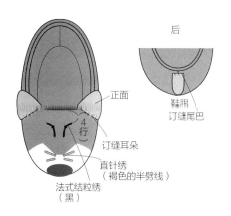

正面
后
鞋跟
订缝尾巴
订缝耳朵
直针绣（褐色的半劈线）
法式结粒绣（黑）
4行

24　组合方法

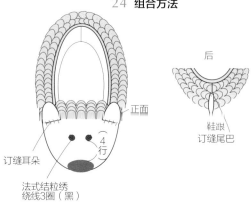

后
正面
鞋跟
订缝尾巴
订缝耳朵
法式结粒绣绕线3圈（黑）
4行

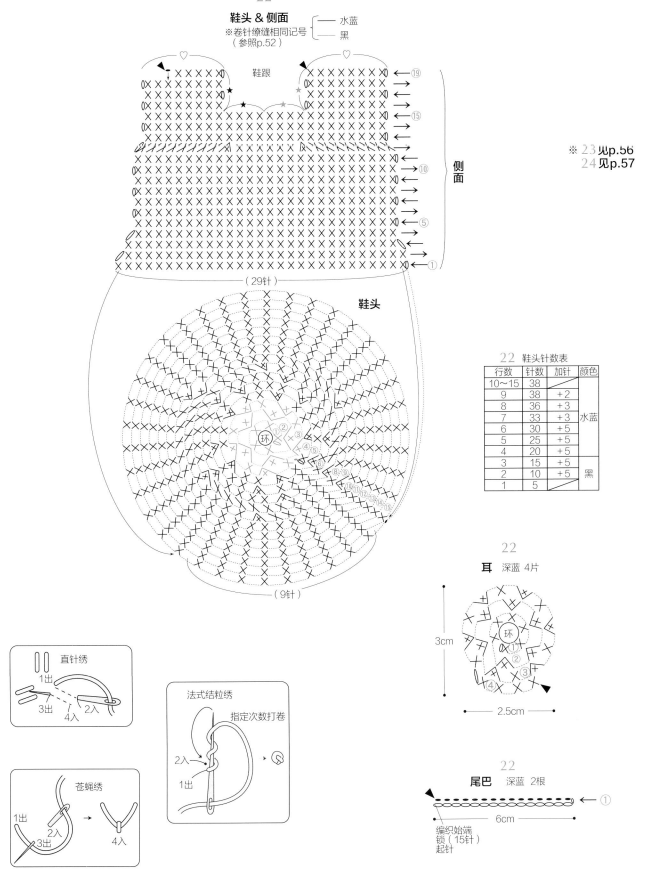

22

鞋头 & 侧面

※卷针缭缝相同记号
（参照p.52）

━ 水蓝
━ 黑

鞋跟

侧面

※ 23 见p.56
24 见p.57

（29针）

鞋头

（9针）

22 鞋头针数表

行数	针数	加针	颜色
10～15	38		
9	38	+2	
8	36	+3	
7	33	+3	水蓝
6	30	+5	
5	25	+5	
4	20	+5	
3	15	+5	
2	10	+5	黑
1	5		

22

耳 深蓝 4片

3cm

2.5cm

22

尾巴 深蓝 2根

6cm

编织始端
锁（15针）
起针

直针绣

1出
3出
4入 2入

法式结粒绣

指定次数打卷

2入
1出

苍蝇绣

1出
2入
3出
4入

猫爪鞋

25

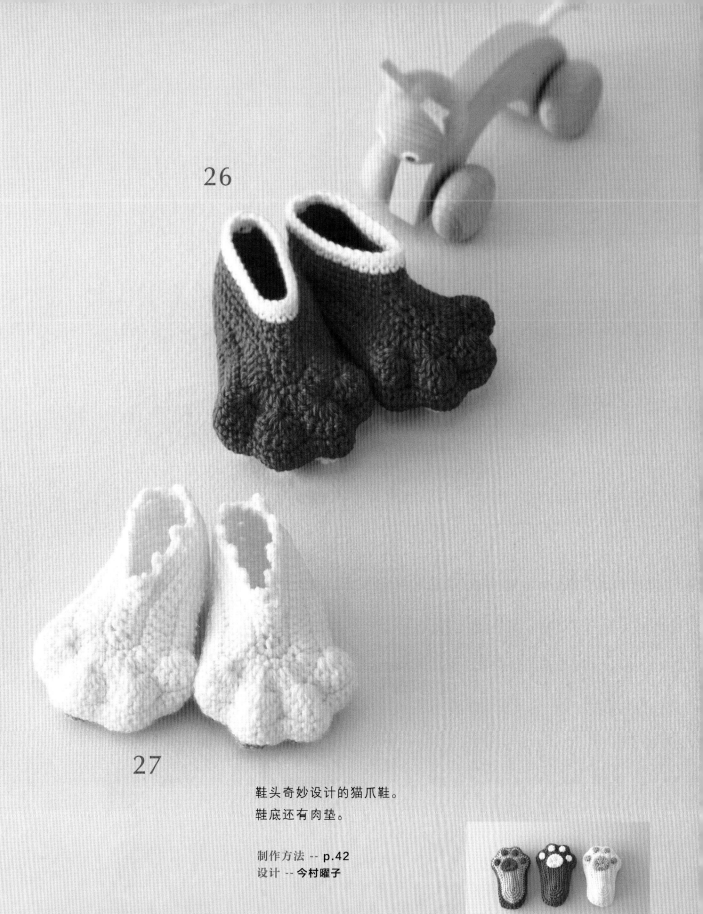

26

27

鞋头奇妙设计的猫爪鞋。
鞋底还有肉垫。

制作方法 -- p.42
设计 -- 今村曜子

25.26.27 猫爪鞋

图片 -- p.40

● 需要准备物品

25 : HAMANAKA EXCEED WOOL<
中粗 >/深灰色 (328) …30g, 灰色 (327) …
20g

26 : HAMANAKA EXCEED WOOL<
中粗 >/ 橙 色 (344) …40g, 本色
(301) …10g

27 : HAMANAKA EXCEED WOOL<
中粗 >/本色 (301) …45g, 粉色 (342) …
5g

● 针
钩针 4/0 号

● 成品尺寸
25 · 26 · 27 : 鞋底 11cm · 深 5cm

● 织法
(非指定部分为 25 · 26 · 27 共通的织法)

1 织鞋底 : 鞋底锁 12 针起针, 如图所示织 5 行。

2 织侧面 : 侧面锁 18 针起针, 锁 2 针立起, 织中长针 1
针、长针 3 针, 织锁针 4 针。接着, 如图所示侧面织 7 行。
卷针缭缝鞋跟的★和★。

3 调整穿口 : 27 织 4 行凸编连接的短针, 28 · 29 织 4
行短针。

4 织大肉垫 : 大肉垫锁 4 针起针, 如图所示织 3 行。

5 织小肉垫 : 小肉垫线环起针, 如图所示织 1 行。

6 组合 : 参照组合方法, 大肉垫、小肉垫订缝于鞋底。卷
针缭缝鞋底和侧面。

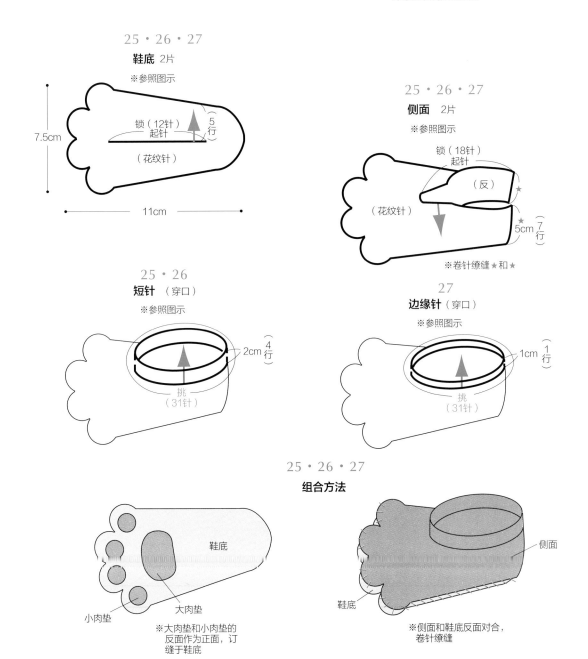

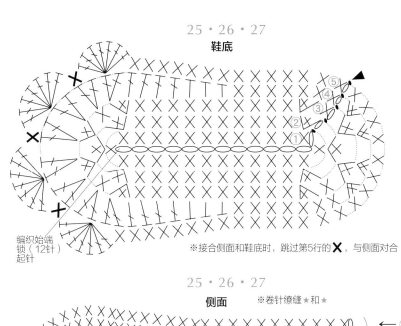

25・26・27
鞋底

编织始端
锁（12针）
起针

※接合侧面和鞋底时，跳过第5行的 ✕，与侧面对合

25・26・27
侧面 ※卷针缭缝★和★

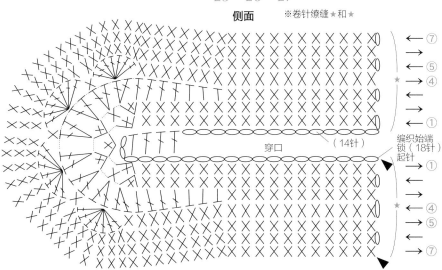

穿口

（14针）

编织始端
锁（18针）
起针

27 **边缘针**（穿口）本色

边缘针
（31针）

25・26 **边缘针**（穿口）

※挑针位置同27

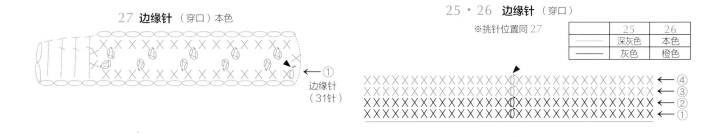

	25	26
	深灰色	本色
	灰色	橙色

25・26・27
大肉垫 各2片

上侧

2.5cm

3.5cm

编织始端
锁（4针）起针

25・26・27
小肉垫 各8片

环

←1.2cm→

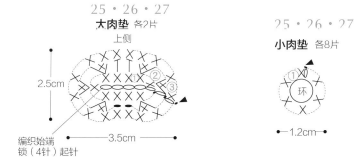

25・26・27 的配色表

	25	26	27
鞋底	灰色	橙色	本色
侧面	深灰色	橙色	本色
大肉垫	深灰色	本色	粉色
小肉垫	深灰色	本色	粉色

43

动物鞋（二）

28

织片重合呈立体感的可爱兔子、熊、青蛙。
一起守护孩子。

制作方法 -- p.46
设计 -- 镰田惠美子

29

30

28.29.30 动物鞋（二）

图片 -- p.44

● 需要准备物品

28：HAMANAKA EXCEED WOOL<粗>/粉色（235）…21g，本色（201）…7g，黑（230）…1g 夹心棉少量

29：HAMANAKA EXCEED WOOL<粗>/茶色（205）…20g，米色（231）…6g，黑（230）…1g 夹心棉少量

30：HAMANAKA EXCEED WOOL<粗>/绿（246）…15g，浅绿（218）…10g，黑（230）…1g 夹心棉少量

● 针

钩针 4/0 号

● 成品尺寸

28·29·30：鞋底 10.5cm·深 2.3cm

● 织法

（非指定部分为 28·29·30 共通的织法）

1 织鞋底：鞋底锁 15 针起针，短针、中长针、长针织 5 行。

2 织侧面：侧面从鞋底挑针，参照图示织 7 行。

3 织耳朵：28 锁 10 针起针，如图所示织 2 行短针。29·30 线环起针，参照图示织 3 行短针。重合前后侧，卷针缲缝。

4 织脸部：脸部线环起针，参照图示织 7 行短针。重合前后侧，参照图示夹入耳朵，卷针缲缝（参照脸部和耳朵的组合方法）。

5 织眼睛（仅 29·30）：29 线环起针，参照图示织 1 行短针。30 线环起针，参照图示织 2 行短针。

6 织鼻子（仅 29）：线环起针，参照图示织 2 行短针。

5 组合：参照各组合方法，接合组件。

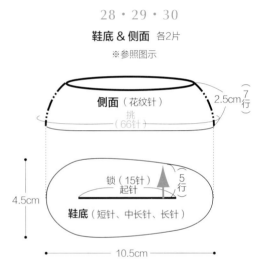

28·29·30

鞋底 ＆ 侧面 各2片

※参照图示

侧面（花纹针）挑（66针）

2.5cm（7行）

锁（15针）起针 5行

鞋底（短针、中长针、长针）

4.5cm

10.5cm

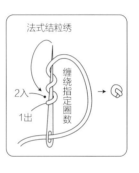

法式结粒绣

2入 1出 缠绕指定圈数

直针绣

1出 2入 3出 4入

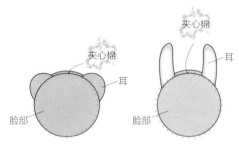

28·29·30

脸部和耳朵的组合方法

夹心棉 耳 脸部

夹心棉 耳 脸部

※脸部反面重合，中途塞入夹心棉，卷针缲缝。耳朵在指定位置夹入脸部之间，一起卷针缲缝

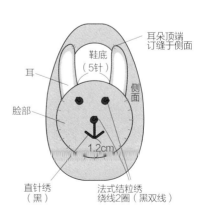

28 组合方法

耳朵顶端订缝于侧面

鞋底（5针）

耳 侧面

脸部

1.2cm

直针绣（黑）

法式结粒绣绕线2圈（黑双线）

①参照脸部和耳朵的组合方法组合后，绣花眼睛、鼻子、嘴巴。

②步骤①成品放于正面订缝。

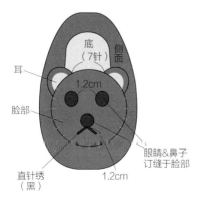

29 组合方法

底（7针）

耳 侧面

脸部

1.2cm

直针绣（黑）

1.2cm

眼睛＆鼻子订缝于脸部

①参照脸部和耳朵的组合方法组合后，订缝眼睛、鼻子，绣花嘴巴。

②步骤①成品放于正面订缝。

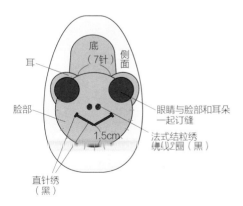

30 组合方法

底（7针）

耳 侧面

脸部

1.5cm

直针绣（黑）

眼睛与脸部和耳朵一起订缝

法式结粒绣绕线2圈（黑）

①参照脸部和耳朵的组合方法组合后，订缝眼睛、绣花鼻子、嘴巴。

②步骤①成品放于正面订缝。

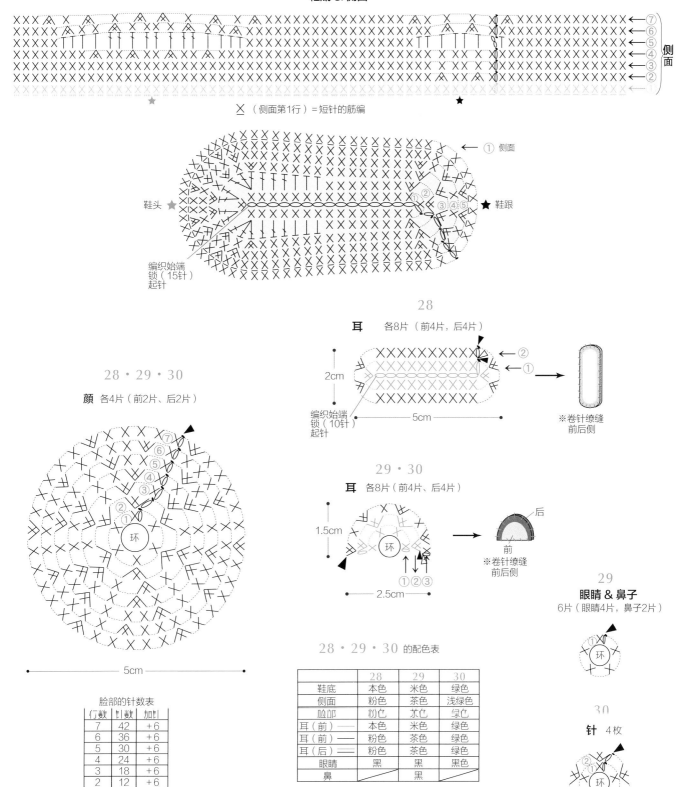

鞋底 & 侧面

✕（侧面第1行）＝短针的筋编

→ ⑦
→ ⑥
→ ⑤
→ ④
→ ③
→ ② 侧面

① 侧面

鞋头 ★   ★ 鞋跟

编织始端
锁（15针）
起针

28

28 · 29 · 30

颜 各4片（前2片、后2片）

环

5cm

耳 各8片（前4片，后4片）

→ ②
→ ①

2cm

5cm

编织始端
锁（10针）
起针

※卷针缭缝
前后侧

29 · 30

耳 各8片（前4片，后4片）

1.5cm

环

①②③

2.5cm

后
前

※卷针缭缝
前后侧

29

眼睛 & 鼻子

6片（眼睛4片，鼻子2片）

环

30

针 4枚

环

脸部的针数表

行数	针数	加针
7	42	+6
6	36	+6
5	30	+6
4	24	+6
3	18	+6
2	12	+6
1	6	

28 · 29 · 30 的配色表

	28	29	30
鞋底	本色	米色	绿色
侧面	粉色	茶色	浅绿色
脸部	粉色	茶色	绿色
耳（前）——	本色	米色	绿色
耳（前）—	粉色	茶色	绿色
耳（后）≡	粉色	茶色	绿色
眼睛	黑	黑	黑色
鼻		黑	

雪地靴

31

包裹脚踝的温暖雪地靴，
设计精美，防寒性好。

制作方法 -- p.50
设计 -- 川路 YUMIKO

32

33

31.32.33 雪地靴

图片 -- p.48 重点教程 -- p.6

● 需要准备物品

31 : HAMANAKA EXCEED WOOL<
粗 >/ 水蓝（244）…18g, 本色（201）…
10g, 芥末黄（243）…8g

32 : HAMANAKA EXCEED WOOL<
粗 >/ 砂褐色（208）…20g, 本色（201）…
11g, 浅橙色（239）…8g

33 : HAMANAKA EXCEED WOOL<
粗 >/ 绿（241）…16g, 蓝（242）…10g,
本色（201）…9g

● 针

钩针 5/0 号

● 成品尺寸

31・32・33 : 鞋底 10.5cm・深 11.5cm

● 织法

（非指定部分为 31・32・33 共通的织法）

1 织侧面 & 鞋底 : 侧面在穿口锁 32 针起针, 短针的筋编无加减针织 14 行织入花纹。接着, 朝向鞋底加针, 如图所示织 8 针。接着, 减针鞋底部分, 如图所示织 8 行。接着, 鞋底部分减针, 织 5 行。卷针缭缝鞋底的 ★ 和 ★。

2 织边缘针 : 从编织始端的锁针开始挑针, 分别织 1 行边缘针。

3 织编织球（仅 32）: 编织球线环起针, 参照图示织 5 行短针, 线头塞入内侧, 最终行穿线收紧。将其接合于本体穿口侧的后方。

31・32・33
侧面 & 鞋底 2片 ※参照图示

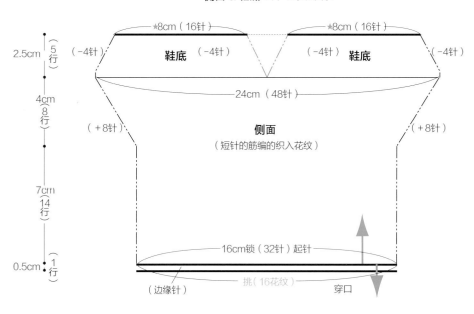

31・33 组合方法

※卷针缭缝 ★ 和 ★

32 组合方法

※卷针缭缝 ★ 和 ★

※接 p.58

32
编织球
浅橙色 2个

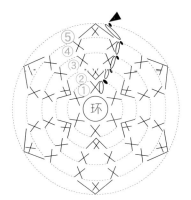

编织球的针数表

行数	针数	加针
5	6	-6
3·4	12	
2	12	+6
1	6	

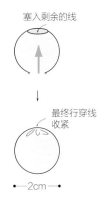

塞入剩余的线

最终行穿线
收紧

←—2cm—→

※卷针缭缝★和★

31 侧面 & 鞋底

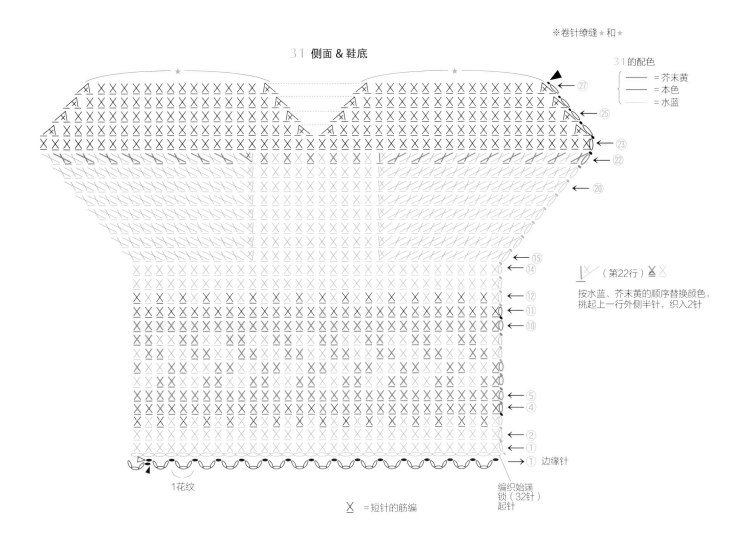

31的配色
{ —— =芥末黄
—— =本色
—— =水蓝

（第22行）
按水蓝、芥末黄的顺序替换颜色，
挑起上一行外侧半针，织入2针

①边缘针

1花纹

编织始端
锁（32针）
起针

X =短针的筋编

※ 为了方便理解，替换线的颜色进行说明。

刺猬的鞋跟的组合方法

1　参照记号图，织鞋子本体（鞋头·侧面）。

2　对齐鞋跟（♡），卷针缭缝。

3　以步骤2的缭缝部分为中心，鞋底部门同样卷针缭缝织图的拼合记号（★·★）。

4　均匀引线，逐针仔细缭缝。

刺的织接方法

5　缭缝成T字形。

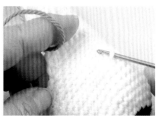

6　从本体指定位置挑起筋编剩余的1根横线，送入钩针，挂线引出。

7　织4针锁针。

8　左侧相邻的横线引拔1针。

9　左侧相邻的横线再次引拔1针，织4针锁针。重复"引拔1针，锁4针，引拔1针"。

10　已织完4线绊。

11　已织完12线绊（鞋底以外均织接刺）。

12　织片换面，锁1针立起，参照图示，上一行朝向反面织。

13　每行挑起本体的1根横线，织接。

14　刺的第2行已织完。

15　第3行改变本体的朝向，按第1行相同要领织。

16　刺织完后，最后缝接耳朵、眼睛、尾巴。

Material Guide 本书中所用线的介绍

a

b

c

d

e

f

g

h

i

j

※ 图片与实物等大

Olympus

a **COTTON NOVIA VARIE** 钩针 4/0 号
至 5/0 号，棉 100%（埃及棉），30g 一卷，
约 97m，16 色

b **COTTON CUORE** 钩针 3/0 号至 4/0 号，
棉 100%（埃及棉），40g 一卷，约 170m，17 色

HAMANAKA

c **COTTON NOTTOC** 钩针 4/0 号，棉
100%，25g 一卷，约 90m，20 色

d **WASH COTTON GARADATION** 钩
针 3/0 号，棉 64% 涤纶 36%，25g 一卷，
约 104m，26 色

e **APRICO** 钩针 3/0 号至 4/0 号，棉（超
长棉）100%，30g 一卷，约 120m，27 色

f **HAMANAKA 纯羊毛中细** 钩针 3/0 号，
羊毛 100%，40g 一卷，约 160m，32 色

g **EXCEED WOOL< 粗 >** 钩针 4/0 号，羊
毛 100%（使用精品美利奴），40g 一卷，约
120m，39 色

h **EXCEED WOOL< 中粗 >** 钩针 5/0 号，
羊毛 100%（使用精品美利奴），40g 一卷，
约 80m，44 色

i **ALPACA MOHAIR FINE** 钩针 4/0 号，
马海毛 35% 腈纶 35% 羊驼毛 20% 羊毛
10%，25g 一卷，约 110m，23 色

j **ALPACA MOHAIR FINE<GRADATION>**
钩针 4/0 号，马海毛 35% 腈纶 35% 羊驼
毛 20% 羊毛 10%，25g 一卷，约 110m，
10 色

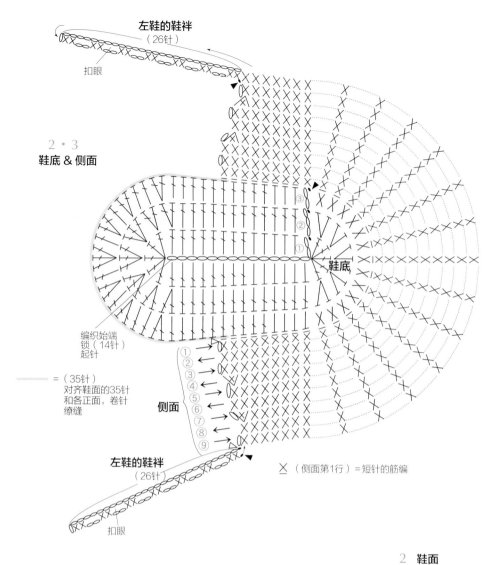

左鞋的鞋袢
（26针）

扣眼

2·3
鞋底 & 侧面

③
②
①

鞋底

编织始端
锁（14针）
起针

= （35针）
对齐鞋面的35针
和各正面，卷针
缭缝

侧面

①
②
③
④
⑤
⑥
⑦
⑧
⑨

左鞋的鞋袢
（26针）

扣眼

╳ （侧面第1行）=短针的筋编

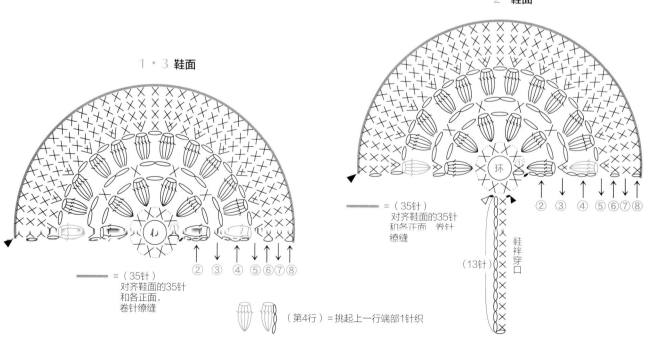

2 鞋面

1·3 鞋面

环 ①

= （35针）
对齐鞋面的35针
和各正面，卷针
缭缝

② ③ ④ ⑤⑥⑦⑧

鞋袢穿口

（13针）

か

② ③ ④ ⑤⑥⑦⑧

= （35针）
对齐鞋面的35针
和各正面，
卷针缭缝

（第4行）=挑起上一行端部1针织

14

鞋底&侧面

※均用黄色织

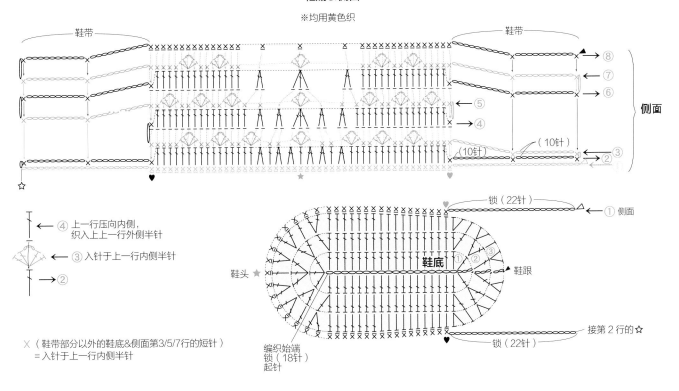

④ 上一行压向内侧，
织入上上一行外侧半针

③ 入针于上一行内侧半针

②

✕（鞋带部分以外的鞋底&侧面第3/5/7行的短针）
＝入针于上一行内侧半针

15

鞋底 & 侧面

※中长针3针的泡泡针以外均用粉色织

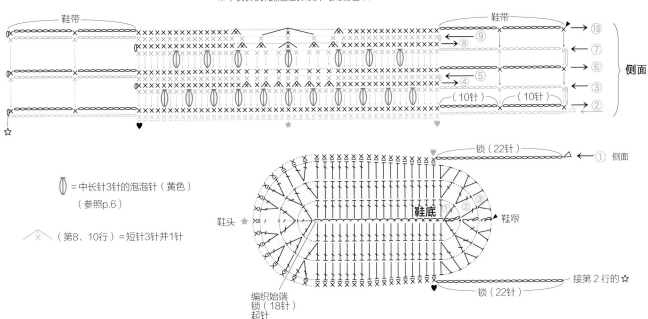

〇 = 中长针3针的泡泡针（黄色）
（参照p.6）

∧ （第8、10行）＝短针3针并1针

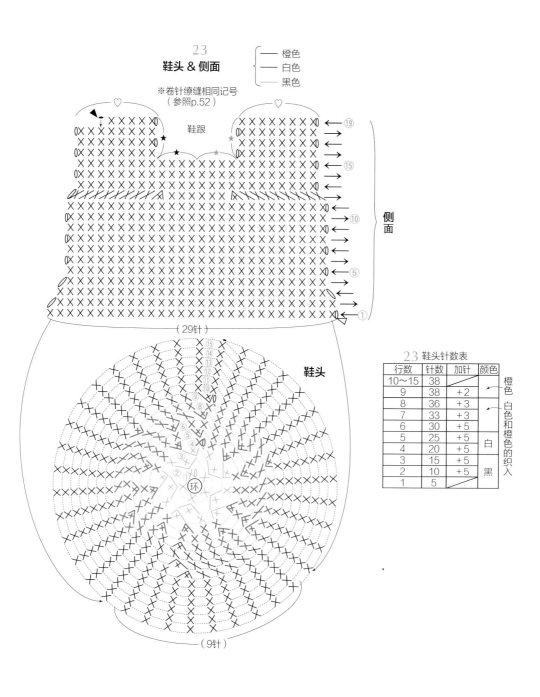

23

鞋头 & 侧面

橙色
白色
黑色

※卷针缭缝相同记号
（参照p.52）

鞋跟

← ⑲
← ⑮
← ⑩
← ⑤
← ①

侧面

（29针）

鞋头

环

（9针）

23 鞋头针数表

行数	针数	加针	颜色
10~15	38		橙色
9	38	+2	
8	36	+3	白色和橙色的织入
7	33	+3	
6	30	+5	
5	25	+5	白
4	20	+5	
3	15	+5	
2	10	+5	黑
1	5		

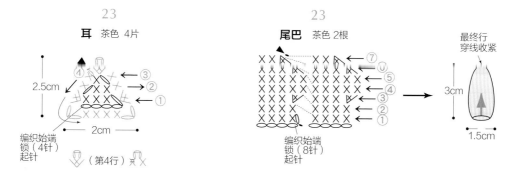

23

耳 茶色 4片

2.5cm

← ③
← ②
← ①

2cm

编织始端
锁（4针）
起针

（第4行）

23

尾巴 茶色 2根

← ⑦
← ⑥
← ⑤
← ④
← ③
← ②
← ①

最终行
穿线收紧

3cm

1.5cm

编织始端
锁（8针）
起针

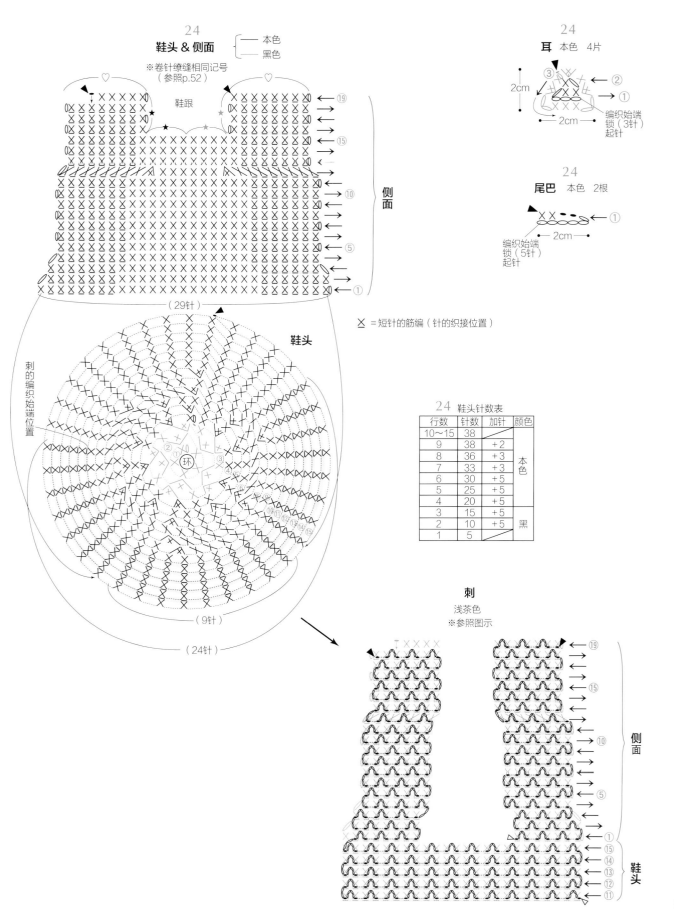

24
鞋头 & 侧面 { — 本色
　　　　　　 — 黑色 }
※卷针缭缝相同记号
（参照p.52）

鞋跟

侧面

（29针）

鞋头

刺的编织始端位置

环

（9针）

（24针）

24
耳　本色　4片

2cm

编织始端
锁（3针）
起针

2cm

24
尾巴　本色　2根

编织始端
锁（5针）
起针

2cm

╳ =短针的筋编（针的织接位置）

24　鞋头针数表

行数	针数	加针	颜色
10～15	38		
9	38	+2	本色
8	36	+3	
7	33	+3	
6	30	+5	
5	25	+5	
4	20	+5	
3	15	+5	
2	10	+5	黑
1	5		

刺
浅茶色
※参照图示

侧面

鞋头

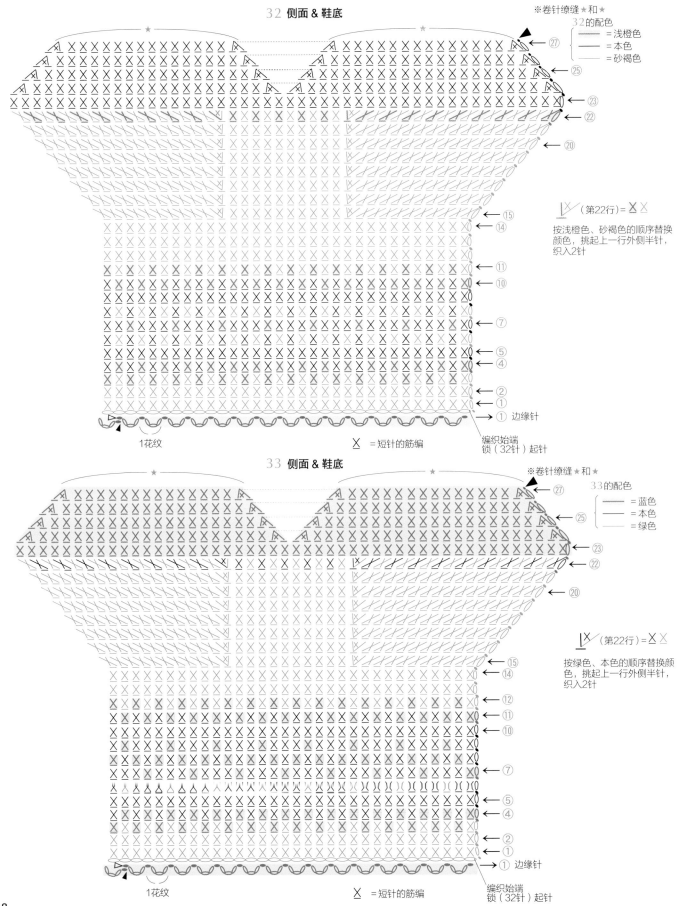

32 侧面 & 鞋底

※卷针缭缝★和★

32的配色
= 浅橙色
= 本色
= 砂褐色

⑰
⑳
㉒
㉓
㉕
㉗

(第22行) = ╳ ╳

按浅橙色、砂褐色的顺序替换
颜色，挑起上一行外侧半针，
织入2针

⑮
⑭
⑪
⑩
⑦
⑤
④
②
①
① 边缘针

1花纹

╳ = 短针的筋编

编织始端
锁（32针）起针

33 侧面 & 鞋底

※卷针缭缝★和★

33的配色
= 蓝色
= 本色
= 绿色

⑰
⑳
㉒
㉓
㉕
㉗

(第22行) = ╳ ╳

按绿色、本色的顺序替换颜
色，挑起上一行外侧半针，
织入2针

⑮
⑭
⑫
⑪
⑩
⑦
⑤
④
②
①
① 边缘针

1花纹

╳ = 短针的筋编

编织始端
锁（32针）起针

钩针编织的基础

记号图的识别方法

根据日本工业标准(JIS)规定，记号图均为显示实物正面状态。
钩针编织没有下针及上针的区别（ 引上针除外 ），即使下针及上针交替看着编织的平针，记号图的表示也相同。

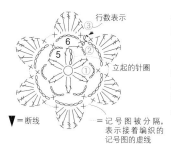

行数表示
③
②
①
6
5
立起的针圈
▼=断线

=记号图被分隔，表示接着编织的记号图的虚线

从中心编织成圆形

中心制作线环（ 或锁针 ），每一行都按圆形编织。各行的起始处接立起编织。基本上，看向织片的正面，按记号图从右至左编织。

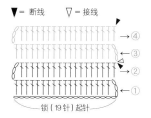

▼=断线　▽=接线

→④
←③
②
←①

锁（ 19针 ）起针

平针

左右立起为特征，右侧带立起时看向织片正面，按记号图从右至左编织。左侧带立起时看向织片背面，按记号图从左至右编织。图为第3行替换成配色线的记号图。

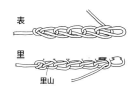

表
里
里山

锁针的识别方法

锁针分为表侧及里侧。里侧的中央1根突出侧为锁针的"里山"。

线和针的拿持方法

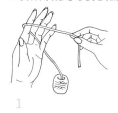

1 将线从左手的小拇指和无名指之间引出至内侧，挂于食指，线头出于内侧。

2 用大拇指和中指拿住线头，立起食指撑起线。

3 针用大拇指和食指拿起，中指轻轻贴着针尖。

初始针圈的制作方法

1 如箭头所示，针从线的外侧进入，并转动针尖。

2 再次挂线于针尖。

3 穿入线环内，线引出至内侧。

4 拉住线头、拉收针圈，初始针圈完成（ 此针圈不计入针数 ）。

起针

环

从中心编织成圆形
（ 线头制作线环 ）

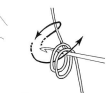

拉出

1 左手的食指侧绕线2圈制作线环。

2 抽出手指，钩针送入线环后挂线，并引出至内侧。

3 再次挂线于针尖引出线，编织2针立起的锁针。

4 第1行将钩针送入线环中，编织所需针数的短针。

5 先松开针，拉住起始线环的线及线头，拉收线环。

1
2

6 第1行的末端，钩针送入初始短针的头部后引拔。

6

从中心编织成圆形
（ 锁针制作线环 ）

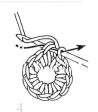

1 编织所需针数的锁针，入针于初始锁针的半针后引拔。

2 挂线于针尖后引出线，编织立起的锁针。

3 第1行送入锁针于线环中，挑起锁针束紧，编织所需针数的短针。

4 第1行的末端，钩针送入初始短针的头部，挂线引拔。

平针

立起的锁1针

1 编织所需针数的锁针及立起的锁针，入针于端部第2针锁针，挂线引拔。

2 挂线于针尖，如箭头所示引拔。

3 第1行编织完成（ 立起的锁1针不计入针数 ）。

上一行针圈的挑起方法

即使是相同的泡泡针，针圈的挑起方法也会因记号图而改变。记号图下方闭合时编入上一行的1针，记号图下方打开时挑起束紧编织上一行的锁针。

编入1针

1  2

挑起束紧编织锁针

1  2

针法记号

锁针

  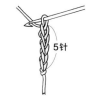 5针

1 制作初始针圈，挂线于针尖。

2 引出挂上的线，锁针完成。

3 同样方法，重复步骤1及2进行编织。

4 锁针5针完成。

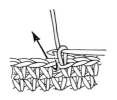
引拔针

  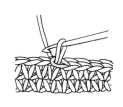

1 入针于上一行针圈。

2 挂线于针尖。

3 线一并引拔。

4 引拔针1针完成。

短针

 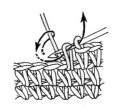 

1 入针于上一行。

2 挂线于针圈，线绊引出至内侧。

3 再次挂线于针尖，2线绊一并引拔。

4 短针1针完成。

中长针

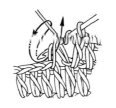  

1 挂线于针尖，入针于上一行针圈后挑起。

2 再次挂线于针尖，引出至内侧。

3 挂线于针尖，3线绊一并引拔。

4 中长针1针完成。

长针

1 挂线于针尖，入针于上一行针圈，再次挂线引出至内侧。

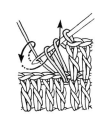

2 如记号所示，挂线于针尖引拔2线绊（此状态称作"未完成的长针"）。

3 再次挂线于针尖，如箭头所示引拔余下的2线绊。

4 长针1针完成。

长长针　三卷长针

* （　）内为三卷长针的针数

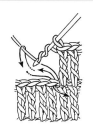

1 绕线于针尖2圈（3圈），入针于上一行针圈，挂线后引出线绊至内侧。

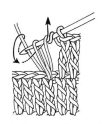

2 如箭头所示挂线于针尖，引拔2线绊。

3 同步骤2重复2次（3次）。

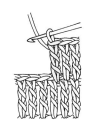

4 长长针1针完成。

短针2针并1针

1 如箭头所示，入针于上一行1针，引出线绊。

2 下个针圈同样方法，并引出线绊。

3 挂线于针尖，3线绊一并引出。

4 短针2针并一针完成。比上一行减少1针。

短针2针编入

1 上一行针圈侧织1针短针。

2 入针于同一针圈，线绊引出至内侧。

3 挂线于针尖，2线绊一并引出。

4 上一行的1针侧织入2针短针完成。比上一行减少1针。

短针3针编入

1 上一行针圈侧织1针短针。

2 入针于同一针圈，引出线绊，织短针。

3 同一针圈侧再织入1针短针。

4 上一行的1针侧织入3针短针完成。比上一行减少2针。

锁3针的引拔狗牙针

1 编织锁3针。

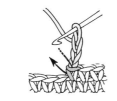

2 入针于短针的头半针及底1根。

3 挂线于针尖,如箭头所示一并引拔。

4 锁3针的引拔狗牙针完成。

长针2针并1针

1 上一行的1针侧制作未完成的长针1针,钩针如箭头所示送入下个针圈引出。

2 挂线于针尖,引拔2线绊,制作第2针未完成的长针。

3 挂线于针尖,如箭头所示3线绊一并引拔。

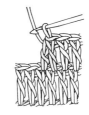

4 长针2针并1针完成。比上一行减少1针。

长针2针编入

1 已编织1针长针的相同针圈侧,再次编入1针长针。

2 挂线于针尖,引拔2线绊。

3 再次挂线于针尖,引拔余下的2线绊。

4 1针侧编入2针长针。比上一行增加1针。

长针3针的泡泡针

1 上一行针圈侧编织1针未完成的长针。

2 入针于相同针圈,接着编织2针未完成的长针。

3 挂线于针尖,挂于针的4线绊一并引拔。

4 长针3针的泡泡针完成。

中长针3针的变形泡泡针

1 上一行相同针圈侧编织3针未完成的中长针。

2 挂线于针尖,先引拔6线绊。

3 再次挂线于针尖,引拔余下的2线绊。

4 中长针3针的变形泡泡针完成。

长针5针的
泡泡针

1 上一行相同针圈织入5针长针，先松开钩针，如箭头所示重新送入。

2 线绊引拔至内侧。

3 再织1针锁针，收紧。

4 长针5针的泡泡针完成。

短针的筋编

1 看着每行正面编织。整周编织短针，引拔于初始的针圈。

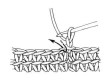
2 编织立起的锁针1针，挑起上一行外侧半针，编织短针。

3 同样按照步骤2要领重复，继续编织短针。

4 上一行的内侧半针为筋编状态。编织完成短针的筋编第3行。

长针的下引上针

※往返针看向反面织时，织上引上针。

1 挂线于针尖，如箭头所示，从正面入针于上一行长针的底部。

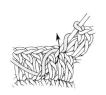
2 挂线于针尖，延长引出线。

3 再次挂线于针尖，引拔2个线绊。再重复1次相同动作。

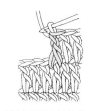
4 长针的下引上针完成1针。

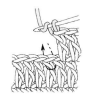
长针的上引上针

※往返针看向反面织时，织下引上针。

1 挂线于针尖，如箭头所示，从反面入针于上一行长针的底部。

2 挂线于针尖，延长引出线。

3 再次挂线于针尖，引拔2个线绊。再重复1次相同动作。

4 长针的上引上针完成1针。

螺纹线的织法

线头

1 线头留约螺纹线长度的3倍，制作最初的针圈。

2 将线头从内侧至外侧挂针。

3 织线挂于针引拔。

4 重复步骤2及3，织所需针数。编织末端不挂线头，织锁针。

本书以用婴幼儿毛线编织鞋袜为主题,将深受妈妈们欢迎的实用、易穿、易织的款式编集成册,结合简单的针法和花样,由多位日本编织名师精心设计,采用不同的材质和配色,展示出可爱和时尚感,对于编织爱好者来说,本书会带来耳目一新的感觉。每款都有详细的图解,编织图解清晰详尽,对照编织符号就可以轻松编织出来。适合爱好手工编织的读者参考、收藏。

图书在版编目(CIP)数据

婴幼儿手编毛线鞋 / [日] E&G创意编著;史海媛,韩慧英译.
—北京:化学工业出版社,2017.4
ISBN 978-7-122-29109-7

Ⅰ.① 婴… Ⅱ.①E… ② 史… ③ 韩… Ⅲ.① 童服-袜子-编织-图集
Ⅳ.① TS941.763.1-64

中国版本图书馆CIP数据核字(2017)第031551号

责任编辑:高 雅　　　　　　　　责任校对:王 静

出版发行:化学工业出版社(北京市东城区青年湖南街13号　邮政编码100011)
印　　装:北京画中画印刷有限公司
880mm×1092mm　1/16　印张 4　字数 280 千字　2017年7月北京第1版第1次印刷

购书咨询:010-64518888(传真:010-64519686)　售后服务:010-64518899
网　　址:http://www.cip.com.cn
凡购买本书,如有缺损质量问题,本社销售中心负责调换。

定　价:39.80元　　　　　　　　　　　　　　版权所有　违者必究